データの達人 表とグラフを使いこなせ！

監修：今野紀雄（横浜国立大学教授）

④

たしかめよう！
予想はホントかな？

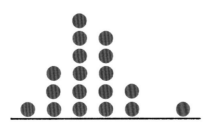

「データの達人」を目指そう

　何かを調べたいときには、まずたくさんのデータを集めます。データとは、資料や、実験、観察などによる事実や数値のことです。図書館で本を調べたり、インターネットを使って検索したり、アンケートを取ったり、観察記録をつけたりすると、さまざまなデータに出会います。しかし、データを集めただけでは、そこから知りたいことを読み取ることはできません。そこで、表やグラフを活用する力が必要になってくるのです。

　この本では、1章で、ドットプロット・ヒストグラムを使いこなす方法を、例を使ってわかりやすく説明しています。2章では、データに基づいて問題を解決する手順（PPDACサイクル）を学びます。結論の予想を立てて、それを1つ1つたしかめていくと、問題を解決する道すじが見えてきます。3章では、課題にそってデータを分せきしていきます。

　データがあふれる今の時代に、みなさんに身につけてほしいのは、データを活用した問題解決能力です。ここで学んだことは、大人になってさまざまな難しい問題に立ち向かったときにも、きっと問題を解決する方法を導く助けとなることでしょう。

　この本が、みなさんの「データの達人」を目指す学習に役立つことを心より願っています。

横浜国立大学教授　今野紀雄

もくじ

登場人物しょうかい

グラフ先生

表やグラフにくわしい、データの達人。トーケイ小学校でデータの活用法を教えている。

ヒロシ・チカ

トーケイ小学校の6年1組。グラフ先生やクラスの友だちと、データ活用の勉強をしている。

文中のトーケイ小学校など、トーケイ〇〇として表記されるデータは、表やグラフをわかりやすく説明するために編集部が作成した架空のデータです。 **3**

ドットでデータのちらばり具合を表す

ドットプロット

ドットプロットは、1つの数値を1つのドット（丸）で表し、データが
どのようにちらばっているのかを表すグラフです。

ちらばり具合を表す

ドットプロットのいちばんの特ちょうは、データのちらばり具合（分布）がひと目でわかることです。

右は、「ソフトボール投げの記録」の表です。表だけでは、6年生女子のなかでどれくらいの「きょり」を投げた人がいちばん多いのかがわかりづらいですが、ドットプロットにすると、わかりやすくなります。このように、「きょり」などの1つの項目に対して、「人数」などの複数の数値があるデータは、ドットプロットで表現するのに適しています。

表だけだと
データの
ちらばり具合が
わかりづらいね

ソフトボール投げの記録

トーケイ小学校 6年生女子30人の測定結果
（1人一投　20××年△月○日）

番号	きょり(m)	番号	きょり(m)
①	19	⑯	14
②	15	⑰	20
③	17	⑱	15
④	22	⑲	22
⑤	18	⑳	18
⑥	21	㉑	20
⑦	12	㉒	18
⑧	16	㉓	13
⑨	18	㉔	16
⑩	25	㉕	19
⑪	17	㉖	13
⑫	19	㉗	16
⑬	11	㉘	18
⑭	17	㉙	14
⑮	10	㉚	17

ドットを積みあげて表す

ドットプロットは、1つの数値を1つのドットで表し、数直線上のめもりに合わせてならべます。同じ数値が複数ある場合は、ドットをまっすぐに積み上げて表します。

左の「ソフトボール投げの記録」の表を、ドットプロットにしたものを見てみましょう。積み上げがいちばん高い「18m」を頂点に、その前後がなだらかに広がっています。6年生女子のソフトボール投げの記録には、はばがあることがわかります。

きょりの長さ順にドットを積み上げると……

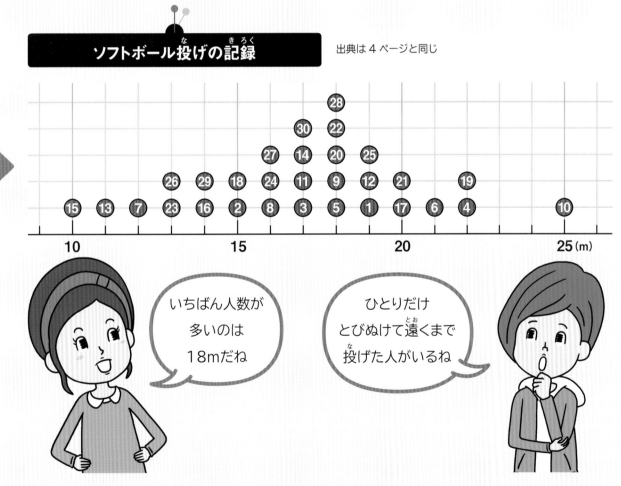

ソフトボール投げの記録　　　出典は4ページと同じ

いちばん人数が多いのは18mだね

ひとりだけとびぬけて遠くまで投げた人がいるね

まとめ
・ドットプロットは、データがどのようにちらばっているのかを表すグラフ。
・ドットプロットは、1つの数値を表したドットを積み上げて表す。

2つの項目のちらばり具合を表す
ドットプロットの散布図

ドットプロットには、１つの数直線上にドットをならべるものだけでなく、「散布図」とよばれるものもあります。

身長と体重の記録

トーケイ小学校 6 年 1 組男子 15 人の
健康診断の結果（20××年△月○日）

番号	身長 (cm)	体重 (kg)
①	157	47
②	144	39
③	162	52
④	141	38
⑤	148	46
⑥	139	37
⑦	153	49
⑧	145	43
⑨	145	46
⑩	147	47
⑪	149	47
⑫	148	44
⑬	144	43
⑭	143	40
⑮	157	49

横、たての数値で表す

２つの項目を横じくとたてじくで、ドットを使って表すものを「散布図」といいます。左の表の「身長と体重の記録」のデータを、横じくを「身長」、たてじくを「体重」として散布図で表すと、データのちらばり具合がわかりやすくなります。

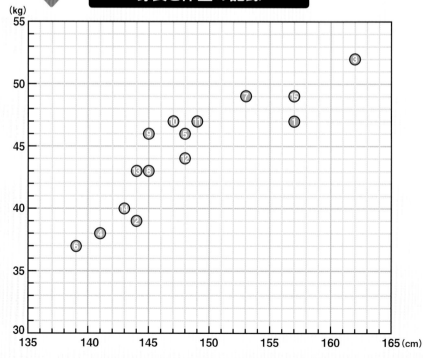

身長と体重の記録　　出典は左と同じ

2つの項目の関係を表す

　右は、6年1組の理科と算数のテストの点数を表したドットプロットです。理科の点数が高い人は、算数の点数が高いことがわかります。このデータのように、片方が増えるともう片方も増える（もしくは片方がへるともう片方がへる）ような、2つの数値に関係があることを「相関関係がある」といいます。逆に、相関関係がない場合は、ドットがバラバラで規則性がないグラフになります。

　しかしこれは、理科の成績がいいからといって、必ず算数の成績がよくなるということではありません。関係があるだけで、片方が片方の原因となるとは限らないのです。

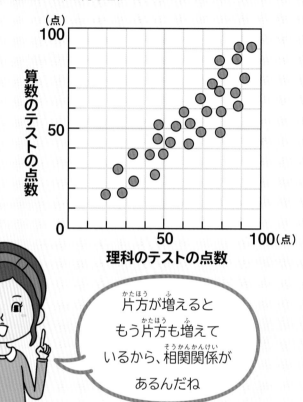

理科と算数の点数くらべ

トーケイ小学校6年1組 30人の学期末テストの結果
（20××年△月○日）

片方が増えると
もう片方も増えて
いるから、相関関係が
あるんだね

相関関係がない場合のグラフ

　散布図のドットが、右のようにバラバラで規則性がない場合は、2つの数値には、相関関係がないことになります。

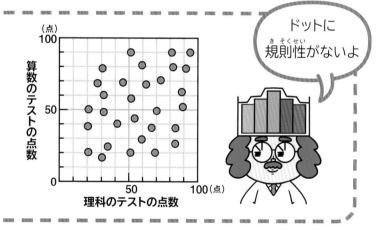

ドットに
規則性がないよ

まとめ
・散布図は、2つの項目のちらばり具合を表すドットプロット。
・散布図は、ちらばり具合で2つの項目の関係を表す。

平均値、中央値、最頻値

代表値を使い分けよう

ちらばり具合を表すグラフでは、データの特ちょうをつかむために、おもに3つの代表値を使います。どのように使い分ければよいのでしょうか。

データの特ちょうをつかむ数値

データのちらばり具合から特ちょうをつかむために、データを代表して1つの数値をしめすことがあります。これを「代表値」といいます。

おもな代表値には「平均値」「中央値」「最頻値」の3種類があります。それぞれのメリット、デメリットを理解して、データごとに、どの代表値を使うと、そのデータのちらばり具合から特ちょうをつかめるかを考えましょう。

平均値　データの合計をデータの個数で割った数値。

メリット ▶ データ全体の数値を反映することができる。
デメリット ▶ きょくたんに離れた数値がある場合、それに影響を受けてしまう。

中央値　大きさ順にならべたときの、まん中の数値。メジアンともいう。

メリット ▶ きょくたんに離れた数値があっても、あまり影響を受けない。
デメリット ▶ まん中だけをしめすので、データ全体の変化や比較にむかない。

最頻値　いちばん多い数値。モードともいう。

メリット ▶ きょくたんに離れた数値があっても、あまり影響を受けない。
デメリット ▶ データの個数が少ない場合、最頻値がはっきり出ないことがある。

代表値の使い分け

代表値は、目的に合わせて使いわけるのがよいでしょう。4 ページの「ソフトボール投げの記録」を例に見てみましょう。ドットプロットを見ると、ほかの数値ときょくたんに離れている⑩があり、平均値は⑩の数値の影響を受けていると考えられます。そのため、ここでは、あまり影響を受けない中央値が使えそうです。しかし、2回目のソフトボール投げの記録とくらべるのであれば、平均値のほうがいいでしょう。

ソフトボール投げの記録

トーケイ小学校 6年生女子30人の測定結果
（1人一投　20××年△月○日）

中央値

30人のアンケートなので、まん中は15、16人目。
15、16人目は⑭、㉚なので中央値は **17m** となる。

おもな代表値は3つ。
目的に合わせて
代表値を使い分けよう

平均値

30人全員のきょりをたすと510m。
合計を人数で割ると
　510m ÷ 30人 = 17m　で
平均値は **17m** となる。

最頻値

いちばんドットが積み上げられているところなので
最頻値は **18m** となる。

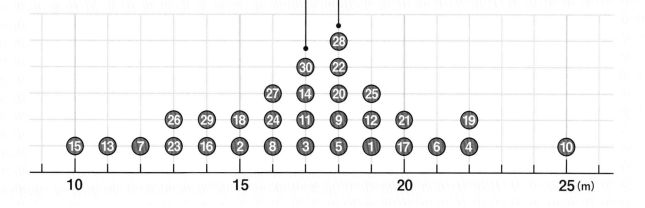

10　　　　　　15　　　　　　20　　　　　25 (m)

まとめ
・代表値は、データのちらばり具合の特ちょうをつかむための数値。
・代表値には「平均値」「中央値」「最頻値」があり、目的によって使い分けるとよい。

柱でデータのちらばり具合を表す

ヒストグラム

ヒストグラムもドットプロットと同じように、データのちらばり具合（分布）を表すグラフです。柱状グラフともよばれます。

階級と度数で表す

ヒストグラムは、データを「階級」といういくつかの数値に区切り、その区間のデータの個数を「度数」で表します。

右は、「図書館で借りた本の冊数（年間）」の表から度数分布表を作り、ヒストグラムにしたものです。本の冊数を5冊ずつ「階級」に区切り、人数を「度数」で表しています。

階級の区切りは、はんいを広く取りすぎると多くのデータが同じ階級になり、せますぎるとデータが1つも入らない階級ができてしまうので注意しましょう。ここでは5冊ずつで区切っていますが、1つのデータの中で階級のはんいのはばを同じにせず、例えば5冊と10冊のはばの階級をまぜる場合もあります。

階級のはんいの
はばの決め方が
大切だよ

図書館で借りた本の冊数（年間）

トーケイ小学校6年1組30人に聞きました
（20××年3月1日）

番号	冊数（冊）	番号	冊数（冊）
①	21	⑯	10
②	7	⑰	22
③	4	⑱	27
④	18	⑲	17
⑤	17	⑳	12
⑥	20	㉑	26
⑦	8	㉒	14
⑧	31	㉓	23
⑨	25	㉔	10
⑩	13	㉕	3
⑪	34	㉖	18
⑫	6	㉗	8
⑬	5	㉘	21
⑭	13	㉙	12
⑮	18	㉚	17

階級別に度数分布表で表す

図書館で借りた本の冊数（年間）

出典は10ページと同じ

階級（冊）	度数（人）
0以上〜5未満	2
5以上〜10未満	5
10以上〜15未満	7
15以上〜20未満	6
20以上〜25未満	5
25以上〜30未満	3
30以上〜35未満	2

図書館で借りた本の冊数（年間）

出典は10ページと同じ

度数

ちらばり具合を形と面積で見る

　ヒストグラムは、棒グラフのように1本ずつ数値をくらべず、階級と階級の間はつけて全体の形と面積でデータの傾向を見ます。下のヒストグラムでは、頂点が少し左により、右側がなだらかにへる山形に数値がちらばっているのがわかります。ヒストグラムの山が中心より左にあるときは、一般的に平均値や中央値より、いちばん度数が多い階級は小さくなります。

　また、下の例1の「25冊以上〜35冊未満」のように、階級のはばがほかの階級の2倍ある場合は、度数は5人ですが、柱の高さを $\frac{1}{2}$ の2.5人にして、ほかの柱と面積の割合を同じにします。

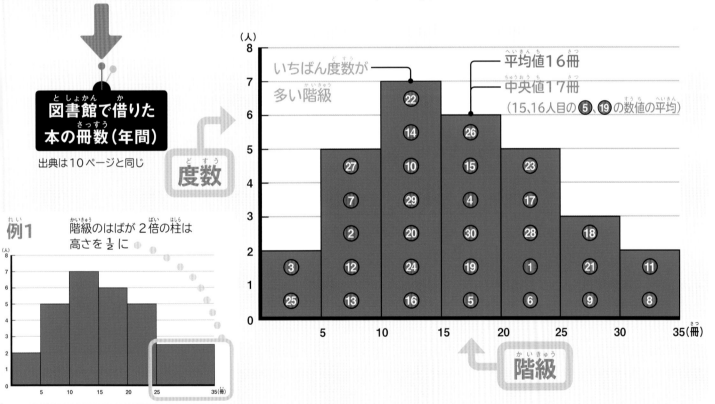

いちばん度数が多い階級

平均値16冊

中央値17冊
（15、16人目の ⑤、⑲ の数値の平均）

例1　階級のはばが2倍の柱は高さを $\frac{1}{2}$ に

階級

くらしに役立つグラフ

わたしたちは、くらしの中でさまざまなグラフを役立てています。
ダイヤグラムやレーダーチャートもそのひとつです。

ダイヤグラム

横じくに時刻、たてじくにきょりを表したグラフを「ダイヤグラム」といいます。おもに鉄道など、交通機関の運転の計画を表すために使われています。

時刻やきょりといった数値を目で見ることができるので、情報がわかりやすく、安全な運行に役立っています。

レーダーチャート

複数の項目をクモの巣のようにならべたグラフを「レーダーチャート」といいます。中心に近いほど数値が低く、遠いほど数値が高いので、ひと目で項目のバランスを知ることができます。

たとえば、食べ物の栄養バランスを、たんぱく質やビタミンなどの項目を入れて表すと、どの栄養素が足りないのかが、わかりやすくなります。右のグラフは、玄米を100%としたときの白米のおもな栄養のバランスです。

トーケイ電鉄ダイヤグラム （20××年3月△日改正）

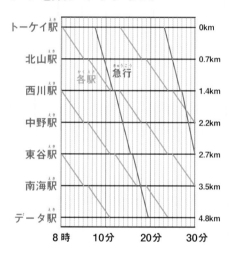

玄米とくらべた白米のおもな栄養のバランス

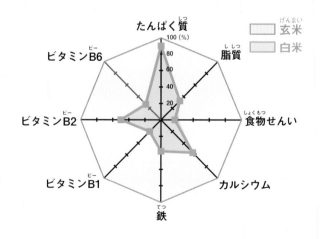

出典：文部科学省「日本食品標準成分表 2015年版（七訂）」の「1 穀類」より作成（2019年10月1日利用）　※玄米を100%としたときの白米の割合。

なるほどコラム

式で表す関数のグラフ

一方の数値が決まれば、もう一方の数値も決まる関係を「関数」といいます。関数は式やグラフで表すことができます。おもな2つの関係のグラフを見てみましょう。

比例のグラフ

1つ20円の卵を1個買うと値段は20円ですが、2倍の2個を買うと値段も2倍の40円、3倍の3個を買うと3倍の60円となります。これは「たまご N 個 × 値段」の式で表され、右のようなグラフにすることができます。

2つの数値が、一方が2倍、3倍と増えるとき、もう一方も同じように2倍、3倍と増えるとき、この2つの数値は「比例」しているといいます。

「たまご N 個 × 値段」のグラフ

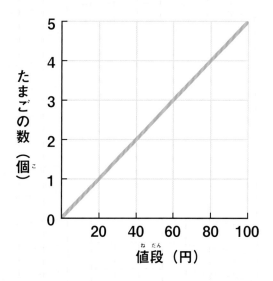

反比例のグラフ

12個のクッキーを分けるとき、人数が2倍、3倍と増えると、一人当たりのクッキーの数は $\frac{1}{2}$ 倍、$\frac{1}{3}$ 倍とへっていきます。これは「クッキー N 個 ÷ 人数」の式で表され、右のようなグラフにすることができます。

2つの数値が、一方が2倍、3倍と増えるときに、もう一方が $\frac{1}{2}$ 倍、$\frac{1}{3}$ 倍となるとき、この2つの数値は「反比例」しているといいます。

「クッキー N 個 ÷ 人数」のグラフ

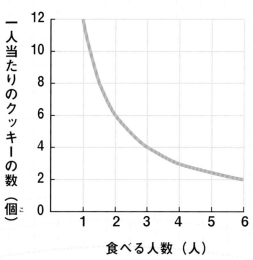

2 データを使って調べよう

自分たちで設定した問題を、結論の予想を立てて調べる方法を学びましょう。

調べる手順はPPDAC

実際にデータを使って、問題を解決するときは、5つの手順にそって取り組んでみましょう。

データを使って問題を解決するときに、以下の5つの手順があります。

1 Problem ‥‥‥‥ 問題を設定する
2 Plan ‥‥‥‥‥‥ 計画を立てる
3 Data ‥‥‥‥‥ データを集める
4 Analysis ‥‥‥‥ 分せきする
5 Conclusion ‥‥ 結論を出す

この手順を右の図のようにくり返しておこなうことから、それぞれの英語の頭文字を取って「PPDACサイクル」といいます。

新たな問題が出たら、1〜5をくり返して調べましょう。また、PPDACと順に進んでいくのではなく、とちゅうで見直して計画を立てなおしたり、データを集め直したりしても構いません。結論の予想を立ててたしかめていくと、問題を解決する道すじが見えてきます。

新たな問題を見つけたら
PPDACの手順を
くり返して調べよう！

5 Conclusion（コンクルージョン）
結論を出す

分せきした結果から理由を明確にして、問題に対する結論を出しましょう。

集めたデータから表やグラフを作り、そこからどんなことがわかるか、考えてみましょう。また、あらかじめ立てた予想とあっているかどうかを検証してみましょう。

データに基づいて 問題を解決する手順 (PPDAC サイクル)

1 Problem (プロブレム) 問題を設定する

「どうしてだろう」「解決したい」と思うことから、結論の予想を立てて、具体的に何を問題にするかを決めましょう。

2 Plan (プラン) 計画を立てる

問題を解決するために、どんなデータが必要か、どのように集めるかを考えましょう。データは1つとは限りません。

ふり返ってみよう

結論を出したら、もう一度ふり返ってみましょう。新たな発見や問題が見つかったら、1 にもどります。

3 Data (データ) データを集める

本やウェブサイトなどから、必要なデータを集めましょう。アンケートを取る場合は、集めた結果を集計しましょう。

4 Analysis (アナリシス) 分せきする

在庫数を変えて売り上げはのばせる？

トーケイ小学校の6年1組では、くつ屋さんの運動ぐつの売り上げをのばすという問題を、在庫に注目して考えてみることにしました。

Problem
問題を設定しよう

どうしたら運動ぐつの売り上げをのばせるか、結論の予想を立てて、具体的に何を問題にするかを決めましょう。

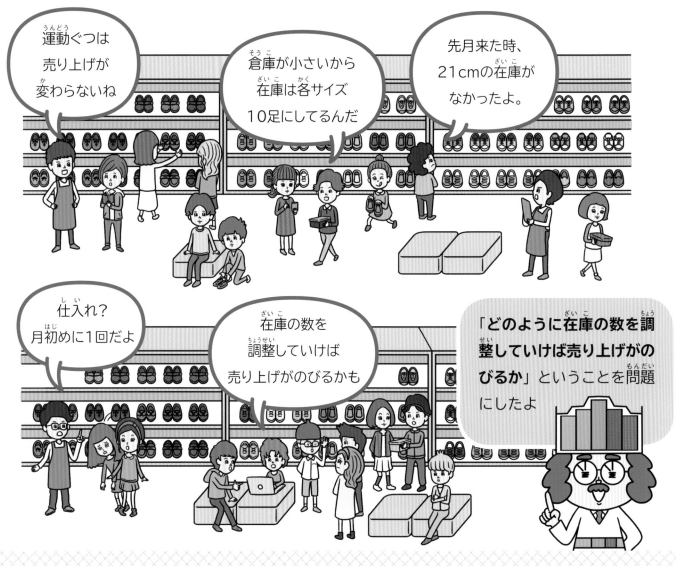

運動ぐつは売り上げが変わらないね

倉庫が小さいから在庫は各サイズ10足にしてるんだ

先月来た時、21cmの在庫がなかったよ。

仕入れ？月初めに1回だよ

在庫の数を調整していけば売り上げがのびるかも

「どのように在庫の数を調整していけば売り上げがのびるか」ということを問題にしたよ

Plan（プラン）
計画を立てよう

「在庫の数を調整する」ためには、どんなデータが必要かを考えてみましょう。

まず、今どのくらい運動ぐつが売れているのかを調べようよ

サイズ別の売り上げ数も知りたいね

「先月のサイズ別の運動ぐつの売り上げ数」を調べたらどうかな？

Data（データ）
データを集めよう

どのサイズが売れたかを数えましょう。

先月の運動ぐつの売り上げ数のデータを見せてもらえますか？

ノートに売れたサイズが書いてあるよ

5月に売れた運動ぐつのサイズ

1日	20.0cm、21.5cm、22.5cm、23.5cm
2日	18.5cm、21.0cm、20.5cm、22.0cm
3日	17.0cmが2足、19.5cm、23.5cm
4日	20.0cm、21.5cm、22.0cm、24.0cm

先月に売れた運動ぐつの数を**サイズ別に数えよう**

Analysis
アナリシス

データを分せきしよう

どんな表やグラフにしたらよいかを考え、できたらデータからわかったことを話し合いましょう。

どのサイズが
いくつ売れたか
わかるように
したいよね

売れた数を
サイズ別に表に
してみよう

╲ 売れた数を表にまとめたよ ╱

5月の運動ぐつの売り上げ数

トーケイ商店街のくつ屋さん調べ（20××年6月△日）

サイズ（cm）	足	サイズ（cm）	足
17.0	2	21.0	10
17.5	3	21.5	10
18.0	5	22.0	10
18.5	7	22.5	9
19.0	8	23.0	8
19.5	9	23.5	7
20.0	9	24.0	3
20.5	10	24.5	2
		合計	112

全体の売り上げ数の
ちらばり具合がわかる
ドットプロットを作ろう

ドットプロットを作ったよ

5月の運動ぐつの売り上げ数

トーケイ商店街のくつ屋さん調べ
（20××年6月△日）

● 売れた数（足）　—— 月始めの在庫

10足

	10	10	10	10			

(ドットプロット)

10　10　10　10

9　9　9　9　9　9

8　8　8　8　8　8　8　8

7　7　7　7　7　7　7　7　7　7

6　6　6　6　6　6　6　6　6　6　6

5　5　5　5　5　5　5　5　5　5　5　5

4　4　4　4　4　4　4　4　4　4　4　4

3　3　3　3　3　3　3　3　3　3　3　3　3　3

2　2　2　2　2　2　2　2　2　2　2　2　2　2　2

1　1　1　1　1　1　1　1　1　1　1　1　1　1　1　1

17.0　17.5　18.0　18.5　19.0　19.5　20.0　20.5　21.0　21.5　22.0　22.5　23.0　23.5　24.0　24.5 (cm)

21.0cm前後は売れる傾向があるようだね

20.5〜22.0cmは売れた数と在庫の数が同じね

_{アナリシス}**Analysis**
データを分せきしよう

比較のため、ほかにも表やグラフにしたほうがいいものがあるかどうか、考えてみましょう。

いつも同じサイズが売れているのかな

過去のデータも見てみよう

運動ぐつの売り上げ数（1月～4月）

●売れた数（足）　━━━月始めの在庫　　トーケイ商店街のくつ屋さん調べ（20××年6月△日）

1月

17.0 17.5 18.0 18.5 19.0 19.5 20.0 20.5 21.0 21.5 22.0 22.5 23.0 23.5 24.0 24.5 (cm)

2月

17.0 17.5 18.0 18.5 19.0 19.5 20.0 20.5 21.0 21.5 22.0 22.5 23.0 23.5 24.0 24.5 (cm)

3月

17.0 17.5 18.0 18.5 19.0 19.5 20.0 20.5 21.0 21.5 22.0 22.5 23.0 23.5 24.0 24.5 (cm)

4月

17.0 17.5 18.0 18.5 19.0 19.5 20.0 20.5 21.0 21.5 22.0 22.5 23.0 23.5 24.0 24.5 (cm)

20.5〜22.0cmは
毎月10足売れているよ

売れているサイズの
在庫（ざいこ）が多かったら
もっと売れていたのでは？

倉庫（そうこ）が小さいなら
売り上げが少ないものの
在庫（ざいこ）の数（かず）をへらせば？

**売れているサイズの
在庫（ざいこ）の数（かず）を増やすと**
売り上げがのばせる
かもしれないね

Conclusion
コンクルージョン

結論を出そう
けつろん

➡

あまり売れていない
サイズの在庫（ざいこ）の数（かず）をへらし、
売れているサイズの在庫（ざいこ）の数（かず）を
増（ふ）やすと、売り上げがのびるだろう

ふり返ってみよう
かえ

在庫（ざいこ）を調整（ちょうせい）したら
売り上げは
変（か）わったのかな？

調整（ちょうせい）した後の
売り上げ数を
調（しら）べてみよう

**予想（よそう）を立てて、1つ1つ
データを検証（けんしょう）していくこ**
とで、だんだん**問題（もんだい）の解
決方法（けつほうほう）**が見えてくるよ。

予想を立ててたしかめよう

どうしたら問題を解決することができるのか、立てた予想をデータでたしかめることができます。

あらかじめ結果の予想を立てて、それが本当にあっているのかどうかをデータを使ってたしかめていきましょう。1つ1つきちんと検証していくことによって、問題の解決方法が見えてきます。

16ページからの「在庫数を変えて売り上げはのばせる?」では、「在庫数を調整すれば売り上げがのびるかもしれない」という予想を立てました。まず、「先月の売り上げ数」のデータをたしかめました。すると、サイズに

5月の運動ぐつの売り上げ数

トーケイ商店街のくつ屋さん調べ（20××年6月△日）

● 売れた数（足） ━━━ 月始めの在庫

わかったこと

在庫が
全部売れていた
サイズがある!

結論の予想

在庫数を
調整すれば
売り上げがのびるか
もしれない

10足

| | 17.0 | 17.5 | 18.0 | 18.5 | 19.0 | 19.5 | 20.0 | 20.5 | 21.0 | 21.5 | 22.0 | 22.5 | 23.0 | 23.5 | 24.0 | 24.5 (cm) |

よっては在庫分が全部売れているものがあることがわかりました。そして、「いつも同じサイズが売れているのかもしれない」という予想を立てて、過去4か月分のデータも見てみると、売れているサイズは同じでした。これらを理由に、「あまり売れていないサイズの在庫をへらし、売れているサイズを増やす」ことで、売り上げをのばせるかもしれないという結論を出しました。この結論も、本当に正しいのか、もっとよい結論がないか、ふり返ってみることが大切です。

\ さらなる予想 /

いつも同じ
サイズが売れて
いるのかな？

\ 結論！ /

あまり売れていない
サイズの在庫の数をへらし、
売れているサイズの
在庫の数を増やせば
売り上げがのびるかも

運動ぐつの売り上げ数（1月～4月）

● 売れた数（足）　　── 月始めの在庫　　　　トーケイ商店街のくつ屋さん調べ（20××年6月△日）

1月

17.0　17.5　18.0　18.5　19.0　19.5　20.0　20.5　21.0　21.5　22.0　22.5　23.0　23.5　24.0 (cm)

2月

17.0　17.5　18.0　18.5　19.0　19.5　20.0　20.5　21.0　21.5　22.0　22.5　23.0　23.5　24.0　24.5 (cm)

3月

17.0　17.5　18.0　18.5　19.0　19.5　20.0　20.5　21.0　21.5　22.0　22.5　23.0　23.5　24.0 (cm)

4月

17.0　17.5　18.0　18.5　19.0　19.5　20.0　20.5　21.0　21.5　22.0　22.5　23.0　23.5　24.0　24.5 (cm)

グラフの形と代表値で考えよう

人数が多いのは平均点の人？

トーケイ小学校の6年生で行った算数のテストの点数から、平均点（平均値）を出してみましょう。テストの結果は、人数が多いのは平均点の人だったのでしょうか。

表から予想したことは？

「算数のテストの結果」の表から、全員の点数をたして60人で割って平均点を出すと、68点になりました。

表では68点の人はひとりしかいませんが、68点周辺の点数の人が多いのではないかという予想を立てることができます。

あれ、表を見ると60点台の人って8人しかいないよ

平均点を計算してみよう

60人全員の点数をたすと4080点。合計点を人数で割ると

4080 ÷ 60人 = 68点

平均点は68点となるね

番号	点数（点）
①	76
②	49
③	84
④	54
⑤	53
⑥	94
⑦	82
⑧	84
⑨	64
⑩	68
⑪	72
⑫	79
⑬	79
⑭	54
⑮	86
⑯	43
⑰	60
⑱	73
⑲	59
⑳	52

算数のテストの結果

トーケイ小学校 6 年生 60 人の学期末テストより作成（20××年◎月△日）

番号	点数（点）
21	83
22	55
23	77
24	74
25	47
26	76
27	62
28	54
29	44
30	85
31	62
32	100
33	50
34	86
35	56
36	93
37	59
38	46
39	65
40	98

番号	点数（点）
41	70
42	81
43	56
44	78
45	45
46	75
47	80
48	52
49	90
50	58
51	84
52	48
53	74
54	63
55	66
56	45
57	83
58	57
59	53
60	85

さらに

平均値以外の代表値を
見てみよう。中央値や
最頻値はどうなってい
るかな？

グラフの形と代表値でデータの傾向を読み解こう

グラフからわかったことは？

24〜25ページの表をドットプロットにすると、平均値（平均点）68点の人は1人でした。中央値は67点と平均値と近い数値ですが、67点の人は1人もいませんでした。最頻値は54点と84点の2つでした。

次に24〜25ページの表をヒストグラムにすると、グラフは2つの山がある形をしています。平均値68点と中央値67点はグラフの谷間にあり、ドットプロットと同じく、けして多くありません。ヒストグラムの形からは、この算数のテストは、50点〜54点と80点〜84点あたりの人が多かったという分せきができます。

かならずしも1つの代表値だけ見ればよいわけではないんだね

ドットプロットにすると……

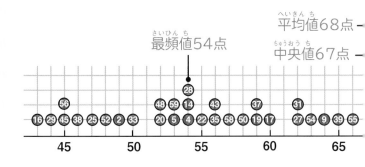

最頻値54点　平均値68点　中央値67点

ヒストグラムにすると……

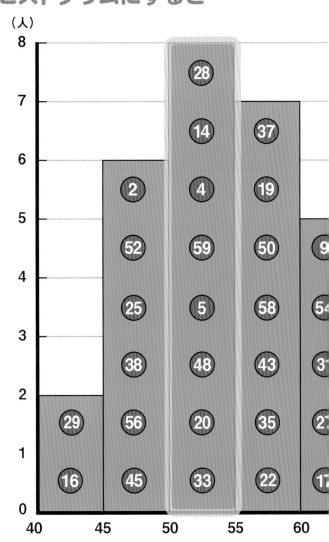

算数のテストの結果

トーケイ小学校6年生60人の学期末テストより作成（20××年◎月△日）

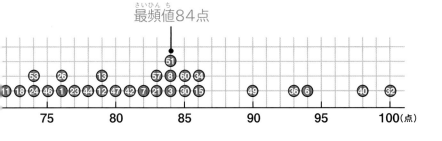

最頻値84点

わかった！

平均点だからといって、みんなと同じくらいの点数とはいえなかった

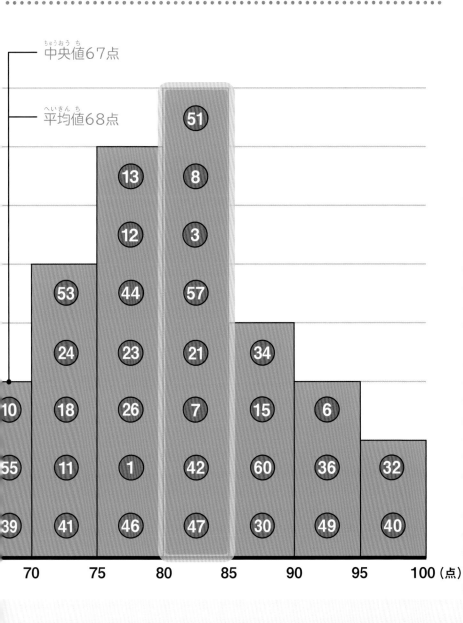

中央値67点

平均値68点

発展！

長なわとびを飛んだ回数など、**身近なデータを集計して、何を代表値にしたらいいか考えてみよう。**

数と分布に注目しよう

少子高齢化は進んでいるの？

最近は子どもの数がへり、高齢者が増える「少子高齢化」が問題になっています。本当にそうなっているのか、データでたしかめてみましょう。

グラフからわかったことは？

右は、日本の総人口の中でどの年代がどのくらいいるのかを表した「日本の人口構成の推移」の積み上げ棒グラフです。**0才以上15才未満の子どもの数がだんだんとへり、65才以上の高齢者の数が増えていること**がわかります。

2015年には75才以上の人が65〜74才と同じくらいになっている

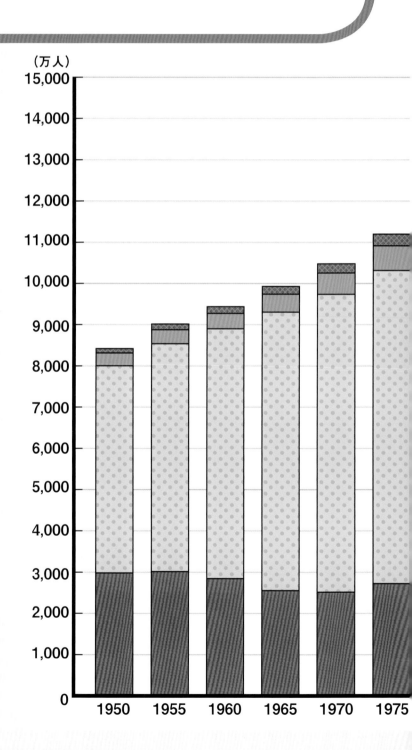

（万人）

15,000	
14,000	
13,000	
12,000	
11,000	
10,000	
9,000	
8,000	
7,000	
6,000	
5,000	
4,000	
3,000	
2,000	
1,000	
0	1950　1955　1960　1965　1970　1975

日本の人口構成の推移

- ▨ 0～14才（年少人口）
- ▦ 15～64才（生産年齢人口）
- ▧ 65～74才（高齢者人口／前期高齢者）
- ▩ 75才以上（高齢者人口／後期高齢者）

出典：内閣府ウェブサイト「高齢化の状況」の「高齢化の推移と将来推計」より作成（2019年11月20日利用）

							75才以上
							65～74才
							15～64才
							0～14才

1980　1985　1990　1995　2000　2005　2010　2015（年）

わかった！

予想通り、だんだん子どもはへって高齢者は増えている

さらに

人口はもっと細かい年齢別でどのようなちらばり方をしているのかを見てみよう。

昔と今の年齢のちらばり具合をくらべてみよう

グラフからわかったことは？

下のヒストグラムは、階級を年齢で分けて日本の人口を表したものです。1930年のグラフは子どもの人数が多くて高齢者が少なく、ピラミッドのような形をしています。2015年のグラフは、子どもの人数が少なく高齢者が多いので、つぼのように下が小さい形です。このようなヒストグラムは人口ピラミッドといい、形によって社会の特ちょうを読み取ることができます。

1930年の0〜4才は2015年では85〜89才だね

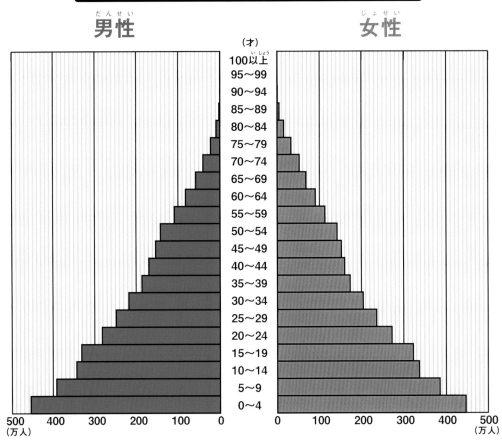

日本の年齢別の人口　1930年

男性　　　女性

(才)
100以上
95〜99
90〜94
85〜89
80〜84
75〜79
70〜74
65〜69
60〜64
55〜59
50〜54
45〜49
40〜44
35〜39
30〜34
25〜29
20〜24
15〜19
10〜14
5〜9
0〜4

500 400 300 200 100 0
(万人)

0 100 200 300 400 500
(万人)

出典：国立社会保障・人口問題研究所ウェブサイト「人口統計資料集」の「表2-1 性、年齢（5歳階級）別総人口：1930、1950年」より作成（2019年11月1日利用）

人口ピラミッド

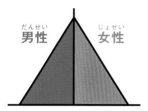

ピラミッド型

男性　女性

子どもが生まれる数は多いが、死亡率が高い。発展途上国に多い形。

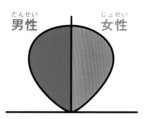

つぼ型

男性　女性

子どもの出生数は少ないが、高齢者の死亡率が低い。少子高齢化の形。

わかった！

日本は
子どもが少なく
高齢者が多い
少子高齢化の社会
なんだね

発展！

全人口のなかで、高齢者の割合や子どもの割合がどのくらいか、調べてくらべてみよう。

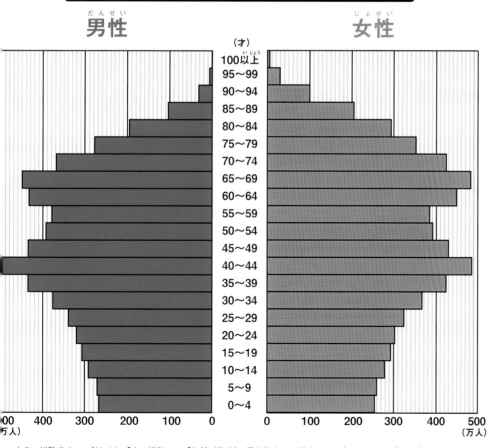

日本の年齢別の人口　2015年

男性　女性

(才)
100以上
95〜99
90〜94
85〜89
80〜84
75〜79
70〜74
65〜69
60〜64
55〜59
50〜54
45〜49
40〜44
35〜39
30〜34
25〜29
20〜24
15〜19
10〜14
5〜9
0〜4

500　400　300　200　100　0　（万人）

0　100　200　300　400　500　（万人）

出典：総務省ウェブサイト「人口推計」の「年齢（各歳）、男女別人口−総人口、日本人人口（平成27年10月1日現在）」より作成（2019年11月1日利用）

消費者へのアンケートを分せき！

アイスは暑いと食べたくなるの？

日本アイスクリーム協会*によると、アイスクリームは22～23℃をこえると売れてきて、30℃をこえると売れなくなる傾向があるそうです。アイスクリームと気温に関するデータを見てみましょう。

グラフからわかったことは？

右の棒グラフは、全国の家庭でアイスクリームに使う平均金額を表しています。7、8月には1000円以上アイスクリームを買っているのがわかります。

データが取られた2012年の3都市の平均気温を見てみると、那覇は5～10月、東京は7～9月で22℃をこえ、札幌は7月に22℃近くあり、8、9月には22℃以上ありました。

円グラフからは、気温が30℃以上の真夏日よりも25℃くらいのほうがアイスクリームがおいしいと感じる人が多いという結果がでました。

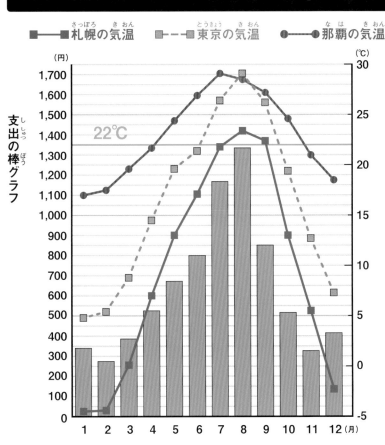

全国の家庭のアイスクリームの支出と都市の平均気温

■――■ 札幌の気温　■--■ 東京の気温　●――● 那覇の気温

出典：総務省統計局ウェブサイト「統計データ」の「家計調査」「統計表一覧」、気象庁ウェブサイト「各種データ・資料」の「過去の気象データ検索」より作成（2019年12月1日利用）
※データは2012年のもので2人以上の世帯対象。

（問い）アイスクリームがおいしく感じる気温は？

出典：日本アイスクリーム協会ウェブサイト「アイスBiz実態調査2012（2012年4月調べ）」の「アイスクリームが食べたくなる気温って？」（選たく式アンケート）より作成（2019年10月1日利用）
※調査対象：20～40代の男女、合計300名（各年代とも男女 各50名ずつ）。

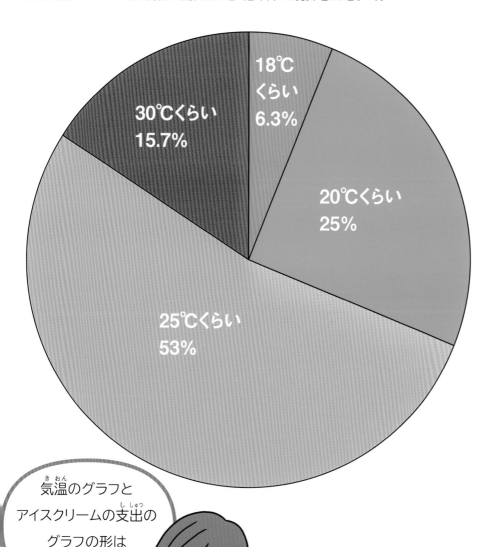

18℃くらい 6.3%
20℃くらい 25%
25℃くらい 53%
30℃くらい 15.7%

わかった！

気温が高ければ高いほど、アイスクリームをおいしく感じるわけではないんだね

気温のグラフとアイスクリームの支出のグラフの形は似ているね

さらに

気温によって**食べたいものが変わる**のかな、別のアンケートを見てみよう。

＊日本アイスクリーム協会：アイスクリームや氷菓の品質向上や消費の拡大、統計調査などを行っている日本の団体。アイスクリーム業界の企業が多く入会している。

気温によって食べたいものはどう変わるの？

出典：日本アイスクリーム協会ウェブサイト「アイスクリーム白書2018」（2018年10月調べ）の「猛暑のアイスクリーム消費」（選たく式アンケート）より作成（2019年10月1日利用）
※調査対象：市販のアイスクリームを2か月に1回以上、自分で買って食べた人全国10〜60代の男女、合計1,200名（各年代とも男女 各100名ずつ）。
※アイスクリームは、牛乳・砂糖・卵黄に香料を加えて凍らせた氷菓子で、日本では特に乳脂肪分8％以上のものをいうが、アンケートでは一般の認識によせてシャーベットを「さっぱりした味のアイスクリーム」として聞いている。

グラフからわかったことは？

右の帯グラフより、気温が25℃のときは、アイスクリームがほしくなる人が全体の74.8％もいました。30℃では64.4％、35℃では39.7％と、気温があがると、アイスクリームがほしくなる人の割合はへっています。そのかわりにかき氷の割合が増えたのがわかります。アイスクリームを生産している企業は、猛暑のときはさっぱりしたアイスクリームやかき氷を多く作るなど、アンケートなどを参考にして商品を考えています。

企業もいろいろなアンケートを参考に商品開発をしているんだね

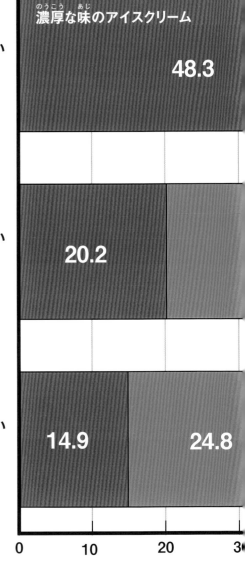

	濃厚な味のアイスクリーム
気温が25℃くらい（夏日）のとき	48.3
気温が30℃くらい（真夏日）のとき	20.2
気温が35℃くらい（猛暑日）のとき	14.9　24.8

0　　10　　20　　30

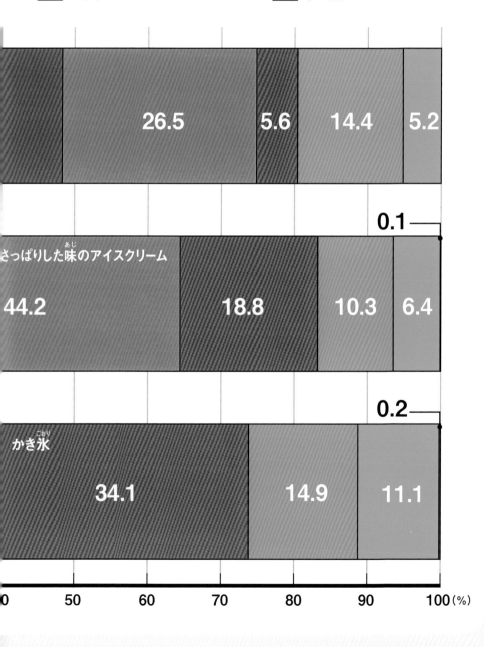

（問い）あなたは気温が何度くらいのとき どんなスイーツや飲み物がほしくなりますか?

- 濃厚な味のアイスクリーム
- 水やお茶などの飲み物
- さっぱりした味のアイスクリーム
- スポーツ飲料・炭酸飲料
- かき氷
- その他

| | 26.5 | 5.6 | 14.4 | 5.2 |

0.1

さっぱりした味のアイスクリーム

| 44.2 | 18.8 | 10.3 | 6.4 |

0.2

かき氷

| 34.1 | 14.9 | 11.1 |

0　50　60　70　80　90　100（％）

わかった！

暑くなると
アイスクリームでなく
かき氷が食べたく
なるんだね

発展！

ほかに**気温や季節によって売れ方がちがうものがある**か考えて、データを調べてみよう。

気温と猛暑日から考えよう

年々暑くなっているの？

夏になると、日本も年々暑くなっているというニュースを耳にしますが、本当にそうなのか、データを見てたしかめてみましょう。

出典：気象庁ウェブサイト「過去の気象データ検索」の「東京」「日最高気温の月平均値」より作成（2019年10月1日利用）
＊年間の平均最高気温：日ごとの最高気温で月の平均値を出し、そこから年間の平均値を出したもの。

グラフからわかったことは？ 右の折れ線グラフは、東京の年間の平均最高気温＊です。ひと目で平均最高気温が上がっているのかはわかりませんが、1994年以降は少しずつ平均最高気温は上がっているように見えます。

東京の平均最高気温のグラフだけでははっきりわからないね

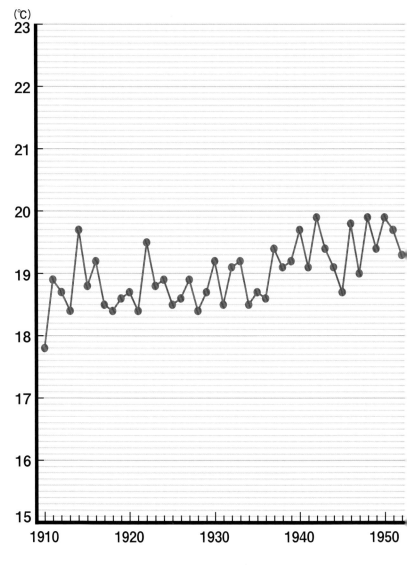

\ わかった！ /

東京は
1994年くらいから
少しずつ平均最高気温が
上がっているようだ

東京の平均最高気温(年間)

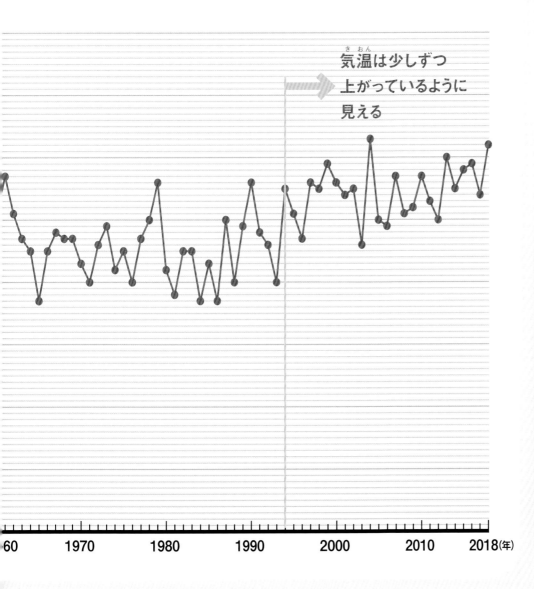

気温は少しずつ
上がっているように
見える

60　　1970　　1980　　1990　　2000　　2010　　2018(年)

さらに

平均最高気温だけ
でなく、**猛暑日の**
変化を調べてみた
らどうかな？

猛暑日の変化を見てみよう

グラフからわかったことは？

下のヒストグラムの1994年から2018年を見ると、それまでよりグラフの面積（緑色）が大きいことがわかります。年によってばらつきはありますが、猛暑日はだんだんと増えているといえます。暑く感じる日が多くなってきているのは本当でした。

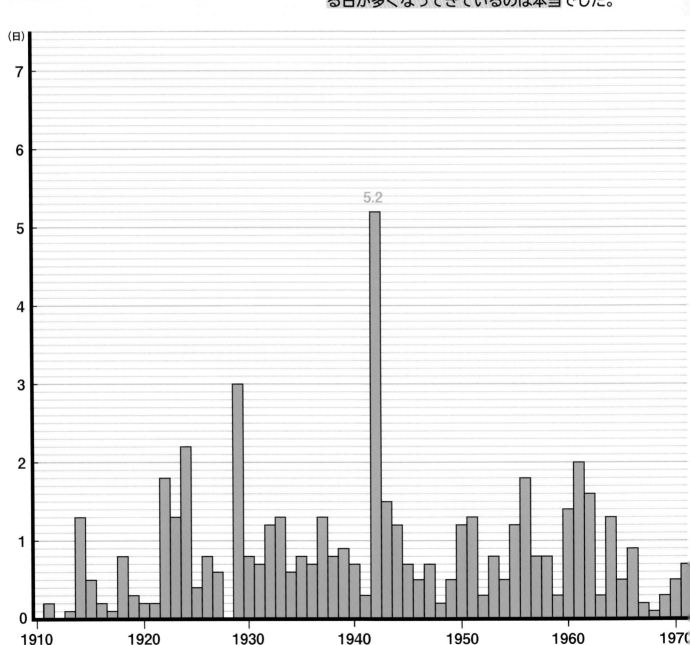

最高気温35℃以上(猛暑日)の年間日数

出典:気象庁ウェブサイト「全国13地点平均 日最高気温35℃以上(猛暑日)の年間日数」より作成(2019年10月1日利用)
※データは、全国13地点における平均で1地点あたりの値。

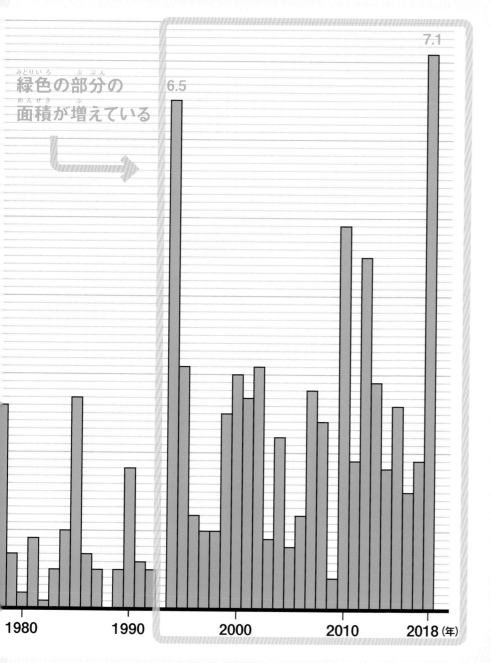

緑色の部分の
面積が増えている

6.5

7.1

1980　1990　2000　2010　2018(年)

わかった!

猛暑日が
増えているから
やはり暑くなって
いるんだ

発展!

熱中症を予防するため
に提案された「暑さ指
数」について調べてみ
よう。

39

データのちらばりから戦術を分せき！
攻撃型のチームの方が強い？

サッカーでは、攻撃型のチームの方が得点が取りやすく、強いチームなのでしょうか。世界の代表チームのデータを見て、たしかめてみましょう。

グラフからわかったことは？

右は「サッカーワールドカップ2018」のベスト4と日本を対象に、自分のチームが攻撃しているときと、相手のチームが攻撃しているときに、味方の選手がそれぞれ走ったきょりの合計を集合の棒グラフにしたものです。自分のチームが攻撃しているときに長く走るチームは攻撃型、相手のチームが攻撃しているときに長く走るチームは守備型の戦術が得意といわれます。

グラフを見ると、クロアチアとベルギー、イングランドは、自分のチームが攻撃しているときの方が長く走っています。しかし、1位のフランスは、相手のチームが攻撃しているときの方が長く走ります。このことから、攻撃型のチームの方が必ずしも強いとは限らないということがわかります。データからは、日本は守備型となります。

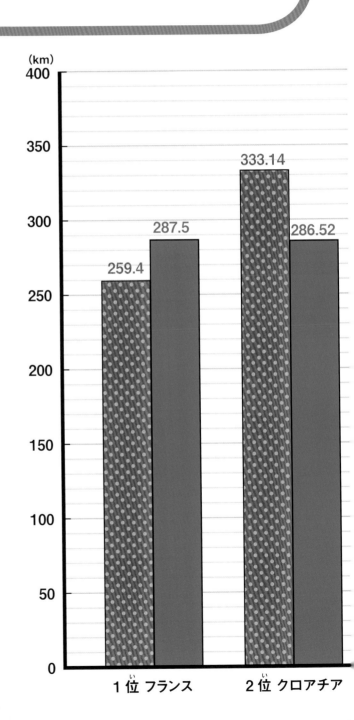

40

出典：FIFA（国際サッカー連盟）ウェブサイト「2018 FIFA World Cup Russia™」の「Matches」より作成（2019 年 10 月 1 日利用）

「サッカーワールドカップ2018」で味方の選手が走ったきょり

※ 1〜4 位は 7 試合分のきょり。ベスト 16 の日本は 4 試合分のきょり。

わかった！

攻撃が得意なチームが1位ではなかった

▨ 自分のチームが攻撃しているとき

▨ 相手のチームが攻撃しているとき

304.57　290.57

322.93　312.52

日本は？

162.18　165.35

3 位 ベルギー　　　4 位 イングランド　　　ベスト 16 日本

さらに

複数のチームの戦術を知るために、ドットプロットの散布図で見てみよう。

41

出典：FIFA（国際サッカー連盟）ウェブサイト「2018 FIFA World Cup Russia™」の「Matches」より作成（2019年10月1日利用）

散布図で
チームの得意な戦術を
読み解こう

**グラフから
わかった
ことは？**

たてじくと横じくのきょりが、同じになるところにむらさき色の補助線を引いてみました。補助線より左上が、攻撃が得意なチーム、右下が守備が強いチームになります。

グラフの左上の方は、ベスト4とベスト16のチームが多くて、右下の方には日本やベスト8のチームが多く入っています。やはり、攻撃が得意なチームの方が強いとは限らないということがわかります。

試合数が多いとドットはグラフの右上になるね

散布図だと攻撃型か守備型かがわかりやすいね

自分のチームが攻撃しているときに味方の選手が走ったきょり

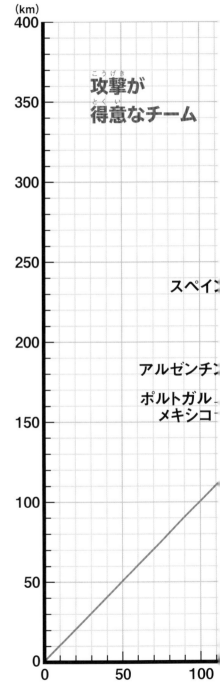

(km)

**攻撃が
得意なチーム**

スペイン

アルゼンチン

ポルトガル
メキシコ

※順位によって試合数がちがうので走るきょりに差が出る。1〜4位は7試合分、ベスト8は5試合分、ベスト16は4試合分のきょり。ただし、ウルグアイはFIFAのウェブサイトの都合で4試合分のきょりのデータ。

「サッカーワールドカップ2018」で 味方の選手が走ったきょり

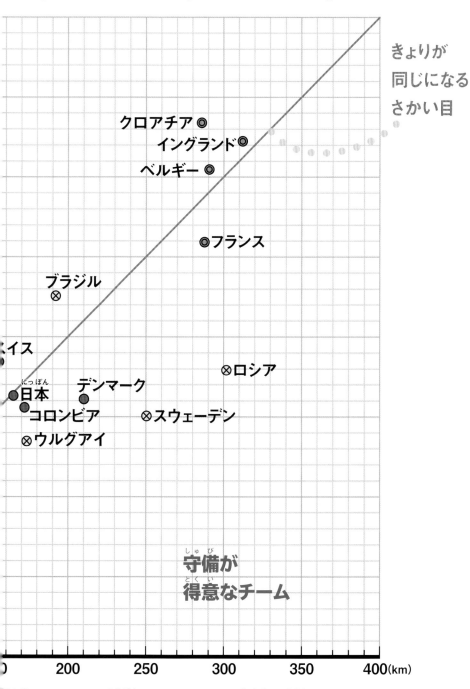

◎ ベスト4のチーム　　⊗ ベスト8のチーム　　● ベスト16のチーム

きょりが
同じになる
さかい目

クロアチア ◎
イングランド ◎
ベルギー ◎

◎ フランス

ブラジル
⊗

イス

⊗ ロシア

日本 ●　　デンマーク ●
コロンビア ●
⊗ ウルグアイ　　⊗ スウェーデン

**守備が
得意なチーム**

200　　250　　300　　350　　400(km)

相手のチームが攻撃しているときに味方の選手が走ったきょり

わかった！

かならずしも
攻撃が得意なチームの
方が強いわけでは
ないんだね

発展！

自分が好きなスポーツの
データを探して見てみよ
う。選手やチームの特
ちょうがわかるかな？

先頭にくる数字はかたよっているってホント？

ベンフォードが証明した数字の法則

新聞や本、テレビを見るといろいろな数字が出てきます。人口や株価、面積などを表すのに数字は欠かせません。では、世の中の数字の中で、先頭の数字に最もなりやすい数字はなんでしょう？　先頭の数字というのは、たとえば「375個」なら、先頭の数字は「3」になります。先頭の数字のなりやすさなんて1～9までどれも同じだと思いますよね。

1938年にアメリカ合衆国の物理学者フランク・ベンフォードという人が「ベンフォードの法則」を発表しました。それによると、世の中の先頭の数字は1が最も出やすくて、2、3と続いてだんだん少なくなり、9が最も出にくいそうです。ただし、ベンフォードの法則はどんな数字にも当てはまるわけではありません。電話番号など、だれかが意図的に割りふったものや、身長などの数値のはばがせまいものには当てはまりません。

先頭の数字の割合くらべ

出典：外務省ウェブサイト「国・地域」より作成（2019年10月1日利用）

人口の先頭の数字	1	2	3	4	5	6	7	8	9
国・地域の数	63	34	20	22	17	14	9	10	11
数字の割合（%）	31.5	17.0	10.0	11.0	8.5	7.0	4.5	5.0	5.5
ベンフォードの法則の数値(%)	30.1	17.6	12.5	9.7	7.9	6.7	5.8	5.1	4.6

世界の国・地域別の人口で試してみよう

ためしに、世界の国・地域別の人口を調べてみましょう。人口の先頭の数字が1である国・地域の数は63あり、全体の31.5%でした。ベンフォードの法則だと、1は30.1%といわれています。ほかの数字も、下の表や集合の棒グラフを見てわかるとおり、ベンフォードの法則と近い結果になりました。

ベンフォードの法則を使うことで、デー

タの不正を見ぬくことができます。例えば、ある会社の業績や税金などのデータで、1～9までの数字がバランスよく出てきたり、ベンフォードの法則から大きくずれて、ある数字だけがかたよっていたりする場合などは要注意です。その会社は何かしらの不正を行っている可能性があります。日本でも、選挙の不正投票を検証するときなどに使われています。

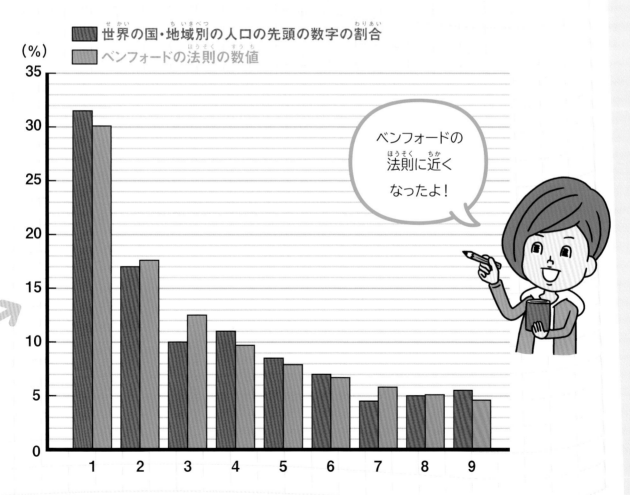

■ 世界の国・地域別の人口の先頭の数字の割合
■ ベンフォードの法則の数値

ベンフォードの法則に近くなったよ！

さくいん

監修　今野 紀雄　（こんの のりお）

1957年、東京都生まれ。1982年、東京大学理学部数学科卒。1987年、東京工業大学大学院理工学研究科博士課程単位取得退学。室蘭工業大学数理科学共通講座助教授、コーネル大学数理科学研究所客員研究員を経て、現在、横浜国立大学大学院工学研究院教授。2018年度日本数学会解析学賞を受賞。おもな著書は『数はふしぎ』『マンガでわかる統計入門』、『統計学 最高の教科書』（SBクリエイティブ）、『図解雑学 統計』、『図解雑学 確率』（ナツメ社）など、監修に『ニュートン式 超図解 最強に面白い!! 統計』（ニュートンプレス）など多数。

装丁・本文デザイン	： 倉科明敏（T.デザイン室）
表紙・本文イラスト	： オオノマサフミ
編集制作	： 常松心平、小熊雅子（オフィス303）
コラム	： 林太陽（オフィス303）
協力	： 小池翔太、石浜健吾、清水 佑（千葉大学教育学部附属小学校）

4 データの達人　表とグラフを使いこなせ!
たしかめよう! 予想はホントかな?

発　　行　2020年4月　第1刷

監　　修　今野紀雄
発 行 者　千葉 均
編　　集　吉田 彩、崎山貴弘
発 行 所　株式会社ポプラ社
　　　　　〒102-8519　東京都千代田区麹町4-2-6
　　　　　電話（編集）03-5877-8113　（営業）03-5877-8109
　　　　　ホームページ　www.poplar.co.jp
印刷・製本　図書印刷株式会社

落丁・乱丁本はお取り替えいたします。
小社宛にご連絡ください。
電話 0120-666-553
受付時間は、月〜金曜日9時〜17時です
（祝日・休日は除く）。

本書のコピー、スキャン、デジタル化等の無断複製は著作権法上での例外を除き禁じられています。本書を代行業者等の第三者に依頼してスキャンやデジタル化することは、たとえ個人や家庭内での利用であっても著作権法上認められておりません。

Printed in Japan　　ISBN978-4-591-16520-1 / N.D.C. 417 / 47P / 27cm　　　　　　　P7214004

全4巻

データの達人

表とグラフを使いこなせ!

監修：今野紀雄（横浜国立大学教授）

1 くらべてみよう！
数や量

2 予想してみよう！
数値の変化

3 組み合わせよう！
いろんなデータ

4 たしかめよう！
予想はホントかな？

●小学校中学年以上向き

●オールカラー　●A4変型判

●各47ページ　●N.D.C.417

●図書館用特別堅牢製本図書